JN096037

もくじ

はじめに こんちゅうって、なんだ?! ……… ②

● モンシロチョウ ……… ④

● ミツバチ (セイヨウミツバチ) ……… ⑥

● クロオオアリ ……… ⑧

● ナナホシテントウ ……… ⑩

● カブトムシ ……… ⑫

● ノコギリクワガタ ……… ⑭

● オオカマキリ ……… ⑯

● ショウリョウバッタ ……… ⑱

● アキアカネ ……… ⑳

● アブラゼミ ……… ㉒

● ダンゴムシ (オカダンゴムシ) ……… ㉔

● ナガコガネグモ ……… ㉖

びっくり! こんな体のつくりもあるよ! ……… ㉘

そっくりだけど、ちがう虫なんです! ……… ㉚

さくいん ……… ㉜

くらべてわかる！
こんちゅう
図鑑
からだのつくり

監修●須田研司

童心社

はじめに

こんちゅうって、なんだ?!

　春はチョウ、夏はカブトムシ、秋はトンボ……。わたしたちにとって身近な生きもの、こんちゅう。こんちゅうの祖先がうまれたのは、なんと4億8000万年くらい前だそうです。

　わたしたちがくらす地球は、長い長い歴史の中で、とても暑い時代があったり、とても寒い時代があったりしました。こんちゅうたちも、そのときの環境に合ったすがたに変化しつづけ、現在のこんちゅうたちがうまれたのです。

　今、地球にすむ生きものは130万種くらい。そのうち、なんと100万種くらいがこんちゅうです。ただし、これは研究者が確認して、正式に名前がついた数。まだ確認されていないものをふくめると、地球上にはものすごい数のこんちゅうがいるのです。

　そんなこんちゅうですが、じつは、基本的なからだのつくりは同じです。では、ちがうところはどこでしょう。右のページで「からだのつくり」の基本を知ってから、いろいろなこんちゅうたちをくらべてみてください。

須田研司（むさしの自然史研究会）

こんちゅうの 「からだのつくり」の ポイント

基本的な つくりは同じ！

ポイント1

内がわには骨格（骨組み）がなく、外がわは外骨格というかたいからでおおわれている。

ポイント2

からだは、「頭（頭部）」「むね（胸部）」「はら（腹部）」の３つに分かれている。

● オオカマキリ

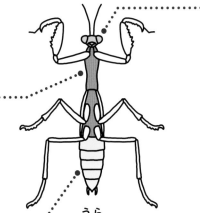

うら

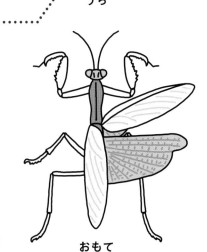

おもて

● むね（胸部）

あしやはねがある。移動するのに必要な部分。

○ はら（腹部）

息をするための気門、食べものを消化してふんとして出す器官、メスにはたまごをうむ器官などがある。

○ 頭（頭部）

頭には脳や目（複眼・単眼）、触角などの情報をあつめる器官、えさをたべるための口などがある。

単眼
光を感じる。単眼はあるこんちゅうと、ないこんちゅうがいる。

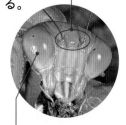

複眼
形や色、動きを見る。たくさんの目（個眼）があつまっている。多いものでは数万個。

ポイント3

多くの成虫は、むねに３対６本のあし、２対４枚のはねがある。

モンシロチョウ

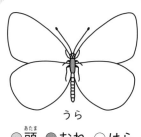

うら

● 頭　● むね　○ はら

紋（もよう）のある白いチョウという意味の名前で、
黒い紋のある白い大きな4まいのはねを、
ひらひらとうごかして飛びます。

● 体の大きさ（はねを広げた長さ）→4.5cmくらい　● 活動する時期→春～秋（成虫）
● 活動する場所→キャベツ畑などアブラナ科の植物があるところ。公園、庭など。

成虫

● オス（春型）

全体のつくりを
見てみよう！

前ばね（左右2まい）
ふちやつけねに黒いもよう
があり、中に黒い点がある。

触角
細長く、先が
ふくらんでいる。

頭
むね
はら

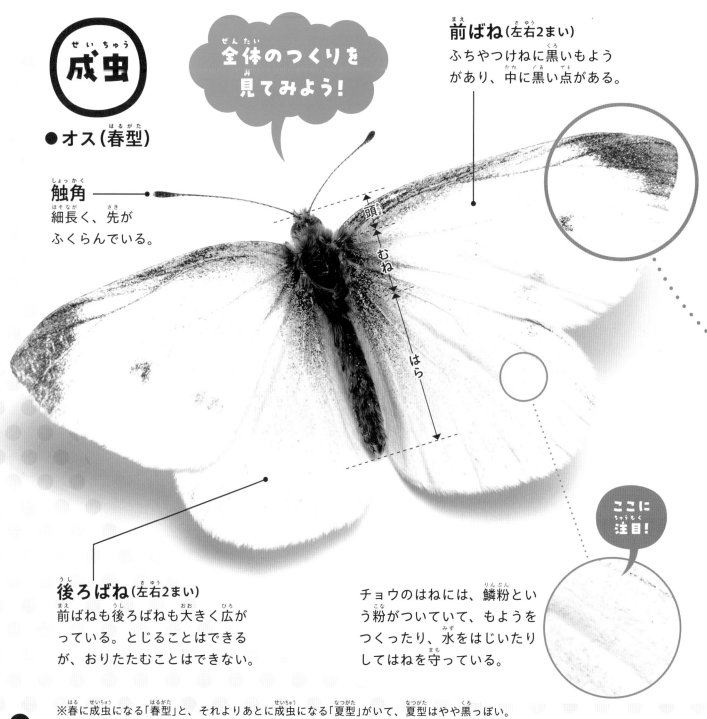

ここに
注目！

後ろばね（左右2まい）
前ばねも後ろばねも大きく広が
っている。とじることはできる
が、おりたたむことはできない。

チョウのはねには、鱗粉とい
う粉がついていて、もようを
つくったり、水をはじいたり
してはねを守っている。

※春に成虫になる「春型」と、それよりあとに成虫になる「夏型」がいて、夏型はやや黒っぽい。

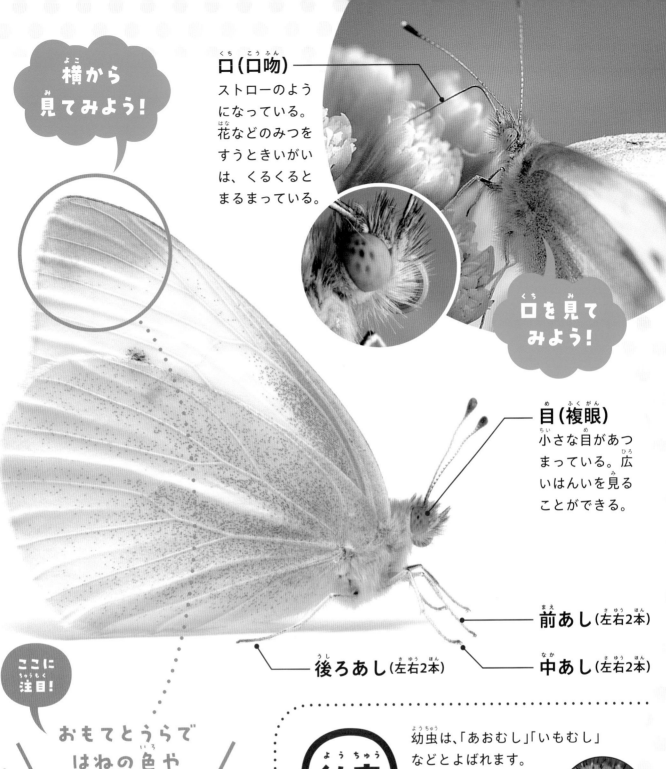

横から
見てみよう！

口（口吻）
ストローのようになっている。花などのみつをすうときいがいは、くるくるとまるまっている。

口を見て
みよう！

目（複眼）
小さな目があつまっている。広いはんいを見ることができる。

前あし（左右2本）

後ろあし（左右2本）

中あし（左右2本）

ここに
注目！

おもてとうらで
はねの色や
もようがちがう

おもては黒い紋（もよう）が目立つけれど、うらは黄色っぽくて紋はうすい。

●メス（春型）
メスは前ばねのつけねにあるもようのはばが広い。

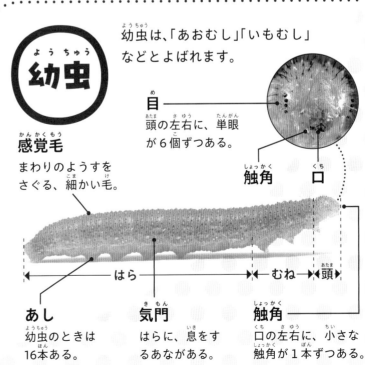

幼虫
幼虫は、「あおむし」「いもむし」などとよばれます。

目
頭の左右に、単眼が6個ずつある。

感覚毛
まわりのようすをさぐる、細かい毛。

触角　**口**

あし
幼虫のときは16本ある。

気門
はらに、息をするあながある。

触角
口の左右に、小さな触角が1本ずつある。

←——— はら ———→←むね→←頭→

ミツバチ（セイヨウミツバチ）

うら
○頭 ●むね ○はら

花のみつと花粉をあつめるハチです。
黄色と黒のしまもようのはらがとくちょうで、
メスにはおしりの先に、どくのはりがあります。

●体の大きさ→1.3cmくらい（はたらきバチ）／1.7cmくらい（女王バチ）／
1.2cmくらい（オスバチ）　●活動する時期→3〜6月、9〜10月（成虫）
●活動する場所→花がある草原や畑、里山など。巣箱で人にかわれていることが多い。

成虫

●はたらきバチ
はたらきバチは、すべてメス。みつや花粉をあつめる、
子育て、そうじなど、産卵いがいのすべてをおこなう。

全体のつくりを
見てみよう！

はら　　　むね　　　頭

花粉かご

後ろあし（左右2本）

中あし（左右2本）

舌

前あし（左右2本）

敵に出会うと、はりを出して
こうげきする。はりをさすと、
そのあと
死んでし
まう。

どくばり

花粉だんご
体の毛についた花
粉は、後ろあしの
「花粉かご」にあつ
め、「花粉だんご」
をつくる。

ここに
注目！

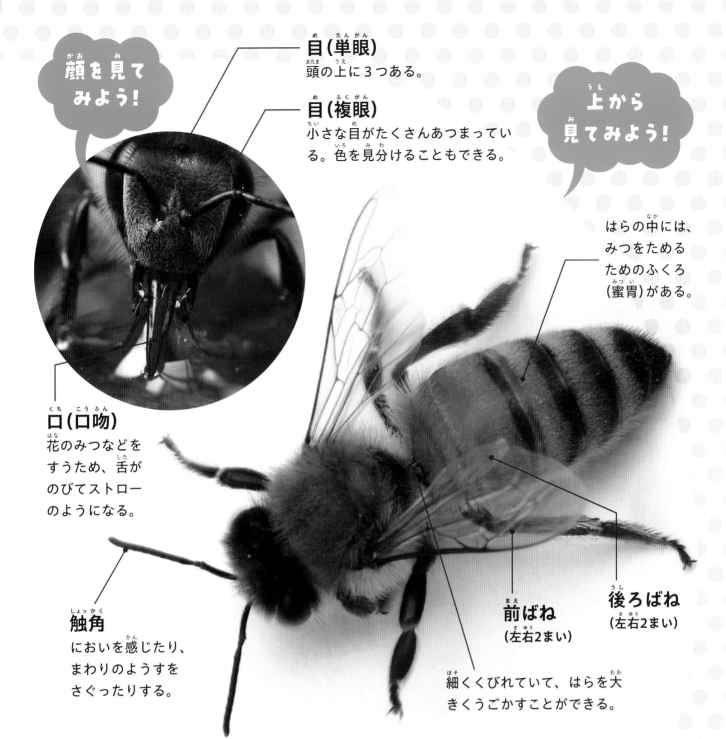

顔を見て
みよう!

目(単眼)
頭の上に3つある。

目(複眼)
小さな目がたくさんあつまっている。色を見分けることもできる。

上から
見てみよう!

はらの中には、みつをためるためのふくろ(蜜胃)がある。

口(口吻)
花のみつなどをすうため、舌がのびてストローのようになる。

触角
においを感じたり、まわりのようすをさぐったりする。

前ばね
(左右2まい)

後ろばね
(左右2まい)

細くくびれていて、はらを大きくうごかすことができる。

●**女王バチ**

たまごをうむ役割。巣をつくるときにオスバチと「結婚飛行」をして、その後はずっとたまごをうみつづける。はらが長い。

●**オスバチ**

「結婚飛行」の時期にだけうまれる。どくばりがなく、複眼が大きい。

幼虫

羽化するまで、巣の中の部屋ですごし、ここから成虫になって飛び立つ。

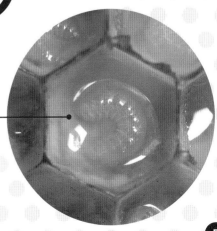

3日目までは、ローヤルゼリーの液で育つ。

クロオオアリ

アリはハチのなかまです。クロオオアリは、長い触角と大きなあご、はらの前にあるくびれがとくちょうです。地面の下に巣をつくり、集団で生活しています。

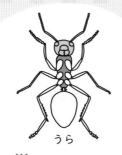

うら

●頭 ●むね ○はら

●体の大きさ→7mm〜1.2cm（はたらきアリ）／1.7cmくらい（女王アリ）／1.1cmくらい（オスアリ）　●活動する時期→4〜11月（成虫）
●活動する場所→日当たりのいい開けた場所。

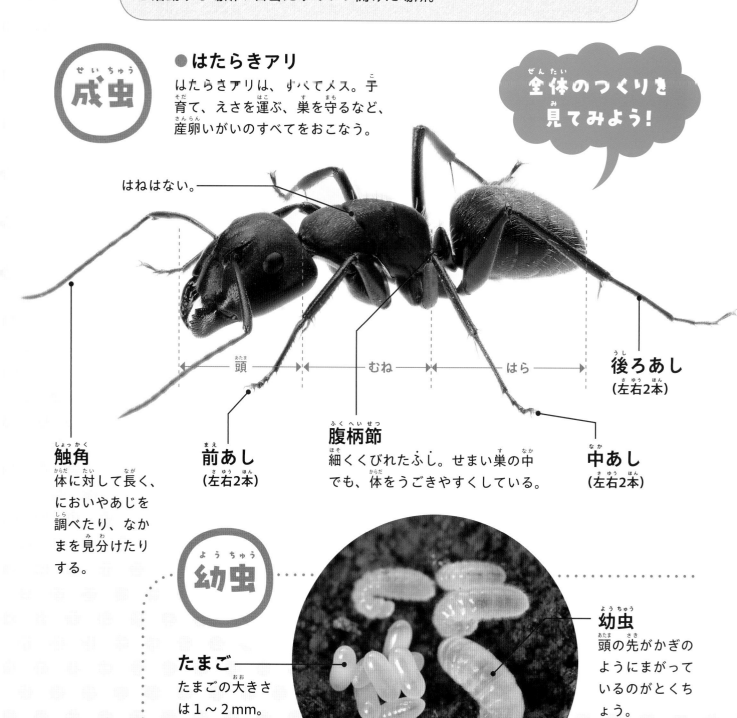

成虫

●はたらきアリ
はたらきアリは、すべてメス。子育て、えさを運ぶ、巣を守るなど、産卵いがいのすべてをおこなう。

全体のつくりを見てみよう！

はねはない。

頭　むね　はら

後ろあし（左右2本）

触角
体に対して長く、においやあじを調べたり、なかまを見分けたりする。

前あし（左右2本）

腹柄節
細くくびれたふし。せまい巣の中でも、体をうごきやすくしている。

中あし（左右2本）

幼虫

たまご
たまごの大きさは1〜2mm。

幼虫
頭の先がかぎのようにまがっているのがとくちょう。

目（複眼）
たくさんの個眼があつまっている。はたらきアリには単眼はない。

ここに注目！

顔を見てみよう！

あご
とてもがんじょうで、体のわりに大きい。

ミミズを引っぱるクロオオアリ。強いあごで、自分より大きなえものも引っぱる。

女王アリ
はたらきアリよりも大きく、たまごをうみつづける役目。「結婚飛行」の時期だけ、はねがある。

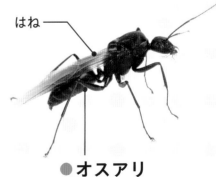

はね

はたらきアリ

単眼が３つある。

オスアリ
「結婚飛行」の時期にだけうまれる。はねがある。

9

ナナホシテントウ

赤い前ばねにある、7つの黒い点がとくちょう。
えだなどの先にとまると、おてんとうさま（太陽）
にむかって飛んでいくのが、名前の由来です。

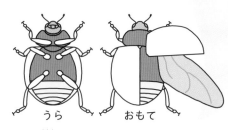

うら　　おもて

●頭　●むね　○はら

- ●体の大きさ→5〜9mm
- ●活動する時期→春〜秋（成虫／夏は仮眠する）
- ●活動する場所→日当たりのいい草原や畑。

全体のつくりを
見てみよう！

成虫

頭とむねに、それ
ぞれ白い点がある。

触角

前あし（左右2本）

頭

中あし（左右2本）
体の大きさにくら
べて、あしは6本
とも短め。

前ばね（左右2まい）
赤に黒い点が7つある。

むね

ここに
注目！

赤と黒は目立つ色。
あじが苦いので、
鳥などがたべると、
この色をおぼえて、
次からたべられに
くくなる。

後ろあし
（左右2本）

はら

体の形は、ボー
ルを切ったよう
な半球状。

きけんを感じると、
あしのふしから苦
いしるを出す。

すばやくひらく

前ばね（左右2まい）
飛ぶときに広げる。

後ろばね
（左右2まい）
かたい前ばねの下
に、うすい後ろば
ねがある。上下に
うごかして飛ぶ。

**顔を
見てみよう！**

**はねを
見てみよう！**

目（複眼）
小さい。

口
アブラムシをムシャム
シャとかんでたべる。
1日100ぴきくらいた
べる。

**色やもようが
いろいろな
ナミテントウ**

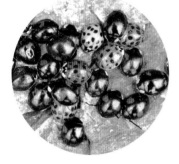

ナナホシテントウのほかによ
く見かけるのが「ナミテント
ウ」。ナミテントウには、い
ろいろな色やもようがある。

幼虫

●**メス**（うら）　●**オス**（うら）

メスのほうが大きい。はらの先が少し
くぼんでいるのがオス。

細長くて平たい。成虫
になる直前の幼虫は、
1cmくらいの大きさ
になる。はい色の体に、
オレンジ色の点がある
のがとくちょう。

はら

むね

頭

カブトムシ

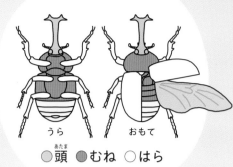

うら　おもて

○頭　●むね　○はら

がんじょうで大きな体をしていて、オスには、けんかのためのりっぱな角があります。おもてからだとどこがむねかわかりにくいですが、うらから見るとわかります。

成虫 ●オス

- 体の大きさ→3.6〜8.5cm（オス）／3.3〜5.3cm（メス）
- 活動する時期→6〜8月（成虫）　●活動する場所→雑木林など。

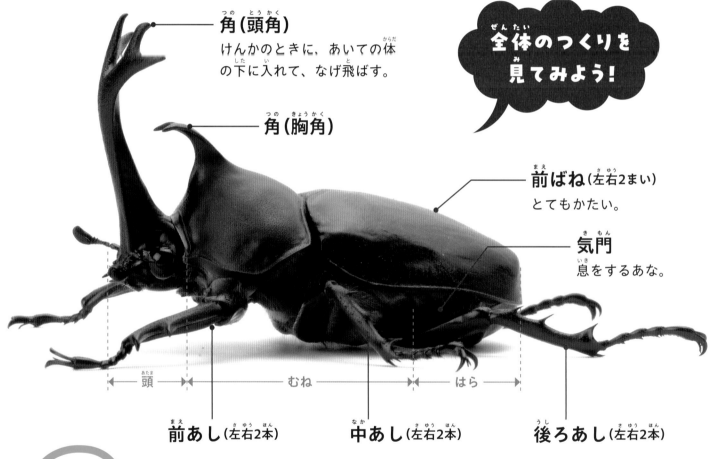

角（頭角）
けんかのときに、あいての体の下に入れて、なげ飛ばす。

角（胸角）

全体のつくりを見てみよう！

前ばね（左右2まい）
とてもかたい。

気門
息をするあな。

頭 — むね — はら

前あし（左右2本）　**中あし**（左右2本）　**後ろあし**（左右2本）

幼虫

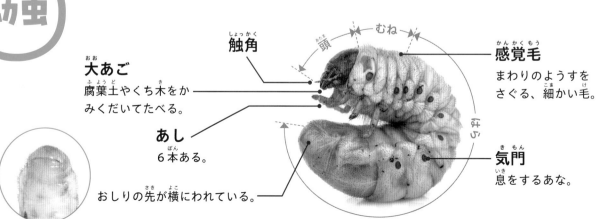

触角

大あご
腐葉土やくち木をかみくだいてたべる。

あし
6本ある。

おしりの先が横にわれている。

頭 — むね — はら

感覚毛
まわりのようすをさぐる、細かい毛。

気門
息をするあな。

12

触角の先が
3つにひらく！

ここに注目！

触角をひらいて、においを感じながら飛んでいく。

体を立てるようにして飛ぶ。

むね
6本のあしと、4まいのはねがはえている。

前ばね
あまりうごかない。

はら
後ろあしから下。ふしがある。

後ろばね
とてもうすく、ふだんは前ばねの下にたたまれている。

前から見てみよう！

うらから見てみよう！

目（複眼）

触角
メスやたべものなどのにおいを感じる。

あごひげ

口
ブラシのような形で、樹液をなめとる。

●**メス**
角がない。体の大きさはオスと同じくらい。

●**オス**

つめ
するどいつめやとげをひっかけて、木にしがみつく。

ノコギリクワガタ

平たい体と角のように見えるオスの「大あご」がとくちょうです。大あごが兜のかざりの「鍬形」ににていることが、名前の由来です。

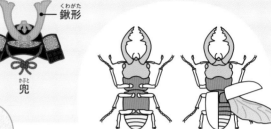

鍬形

兜

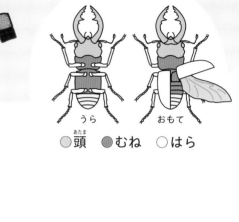

うら　おもて

●頭　●むね　○はら

●体の大きさ→2.5〜7.4cm（オス、大あごをふくめる）／
　　　　　　　2.5〜4.1cm（メス）
●活動する時期→6〜8月（成虫）
●活動する場所→雑木林など。クヌギにあつまる。

全体のつくりを見てみよう！

成虫

●オス

頭

むね

はら

触角
メスやたべものなどのにおいを感じる。

目（複眼）

前あし（左右2本）

中あし（左右2本）

前ばね（左右2まい）
とてもかたい。

後ろあし（左右2本）

フサフサ！

前ばね
（左右2まい）

後ろばね
（左右2まい）
とてもうすく、
飛ぶときに広
げてつかう。

口
ブラシのように
なっていて、
ここで樹液を
なめとる。

体はカブトムシなど
にくらべて、平たい。

大あご
けんかのときに、
あいてをはさん
でなげ飛ばす。
内がわにノコギ
リのようなギザ
ギザのはがある。

前から
見てみよう！

幼虫

気門
息をする
あな。

感覚毛
まわりのよう
すをさぐる、
細かい毛。

触角

大あご

頭　むね

あし
成虫と同
じ6本。

はら

おしりの先
がたてにわ
れている。

●メス
大あごが
小さい。

●オス
大あごの形は、体の大
きさによってちがう。

大型　　　　　　　　中型

オオカマキリ

三角形の頭と、大きな前あしがとくちょう。前あしが、農具の鎌ににていることが名前の由来です。カマキリのなかでも大きなしゅるいです。

鎌

● 体の大きさ→6.8〜9cm（オス）／7.5〜9.5cm（メス）
● 活動する時期→8〜11月（成虫）
● 活動する場所→草むらや雑木林の近くなど。

うら　おもて
●頭　●むね　○はら

全体のつくりを見てみよう!

成虫 ●メス

前ばね
（左右2まい）

たまごをうむところ。

むね

はら

首がよくまわり、広いはんいを見わたして、えものや敵をさがすことができる。

頭

偽瞳孔

前あし（左右2本）
ギザギザしていて、えものをつかまえやすい。6本あしでも4本あしでも歩ける。

中あし（左右2本）

後ろあし（左右2本）

●オス　●メス

オスはメスよりも小さく、ほっそりしている。

体の色が茶色のオオカマキリもいる。

目(複眼)
夜でも見える。
夜は黒くなる。

目(単眼)
頭の上に
3つある。

あごひげ

後ろばね
(左右2まい)
敵が近づくと、後
ろばねを広げて、
体を大きく見せる。

口
じょうぶで、と
らえたえものを
かみくだく。

触角
細くて、と
ても長い。

こっちを
見てる!?

ここに
注目!

複眼のうち、正面に
くる個眼だけが黒く
見える。そのため、
いつでも目が合って
いるように感じる。

前から見て
みよう!

幼虫

はねがない。

はねができてくる。

成虫と同じ体のつく
りをしている。はじ
めは、はねがない。
成虫に近づくと、小
さなはねができる。

ショウリョウバッタ

体が草のように細長く、頭の先がとがっているのが
とくちょう。大きい後ろあしで、ジャンプします。
オスはメスの半分ほどの大きさです。

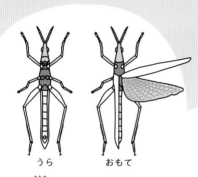

うら　　おもて

○頭 ●むね ○はら

- ●体の大きさ→4〜5cm（オス）／7.5〜8cm（メス）
- ●活動する時期→8〜11月（成虫）
- ●活動する場所→日当たりのいい、明るい草地。

（せいちゅう）
成虫

●メス

全体のつくりを
見てみよう！

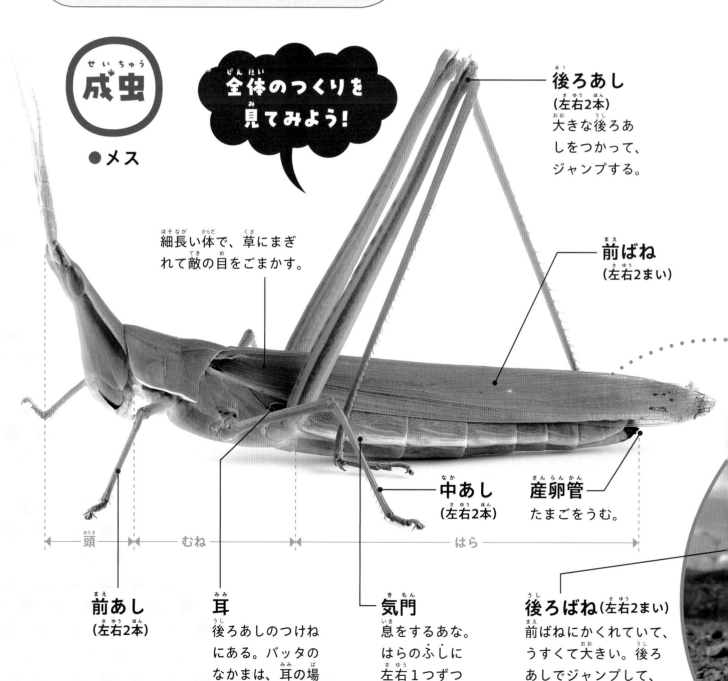

後ろあし
（左右2本）
大きな後ろあ
しをつかって、
ジャンプする。

前ばね
（左右2まい）

細長い体で、草にまぎ
れて敵の目をごまかす。

中あし
（左右2本）

産卵管
たまごをうむ。

頭　　むね　　はら

前あし
（左右2本）

耳
後ろあしのつけね
にある。バッタの
なかまは、耳の場
所がわかりやすい。

気門
息をするあな。
はらのふしに
左右1つずつ
ある。

後ろばね（左右2まい）
前ばねにかくれていて、
うすくて大きい。後ろ
あしでジャンプして、
はねを広げる。

18

オスは、メスの半分ほどの大きさ。飛ぶときに「チキチキ」と音を出す。

● オス

● メス

前から見てみよう！

触角
太い。

ここに注目！

目（単眼）
複眼の上とあいだに、合わせて3つある。

顔が細長くて、頭の先がとがっている。

目（複眼）

ここに注目！

体が茶色いものもいる。

ここに注目！

ジャンプ！

口
はっぱをかみくだく、大きなあごをしている。

幼虫

成虫と体のつくりは同じでも、はねがはえていなかったり、とても短かったりする。はねをつかわずにジャンプする。

まだはねがはえていない。

19

アキアカネ

うら

○頭 ●むね ○はら

トンボは、ぼうのような細長い体で空を飛ぶので、「とぶぼう」とよばれたことが名前の由来です。
トンボの幼虫は「やご」といい、水の中でくらします。

● 体の大きさ→3.2〜4.6cm　● 活動する時期→6〜12月（成虫）
● 活動する場所→草地や田んぼ。夏のあいだはすずしい山にいる。

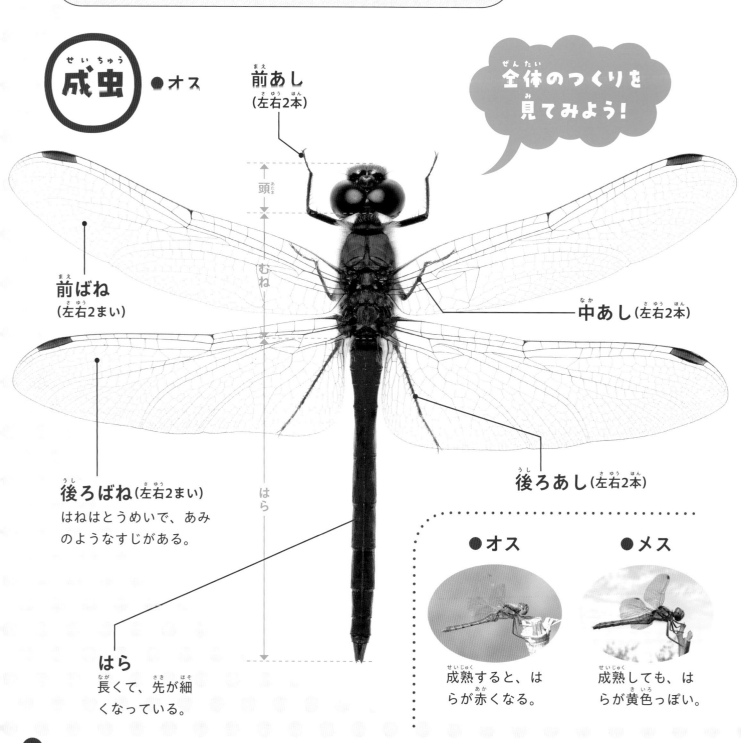

成虫　●オス

全体のつくりを見てみよう！

前あし（左右2本）

前ばね（左右2まい）

中あし（左右2本）

後ろばね（左右2まい）
はねはとうめいで、あみのようなすじがある。

後ろあし（左右2本）

頭

むね

はら

はら
長くて、先が細くなっている。

●オス
成熟すると、はらが赤くなる。

●メス
成熟しても、はらが黄色っぽい。

目（単眼）
3つある。

触角
とても短い。

目（複眼）
大きく、広いはんいを見ることができる。小さな個眼が1万個いじょうあつまっている。

口
力強いあごで、えものをたべる。

はらに息をする気門がある。

縁紋
おもりになっていて、バランスをとる。

トンボは、4まいのはねをべつべつに、上下にうごかして飛ぶ。そのため、空中でとまってえものをとったり、急にむきをかえたり、まっすぐにはやく飛んだり、いろいろな飛び方ができる。

ここに
注目！

幼虫

トンボの幼虫は「やご」という。水の中でくらし、成虫とまったくちがう体のつくりをしている。

目

触角

口
のびちぢみする下くちびるがあり、水の中の小さな生きものをとらえてたべる。

はねになるところ。

はらにある「えら」で息をする。

前あし　　中あし　　後ろあし

21

アブラゼミ

大きく茶色いはねがとくちょうで、ストローのような口があります。ジリジリジリ…と、油であげるときのような音で鳴くのは、オスだけです。

○頭
●むね
○はら

うら

- ●体の大きさ→5〜6cmくらい（はねの先まで）
- ●活動する時期→7〜9月（成虫）
- ●活動する場所→公園や住宅街、里山など。

全体のつくりを
見てみよう！

成虫

●オス

前あし
（左右2本）

触角

頭

むね

中あし
（左右2本）

後ろあし
（左右2本）

はら

腹弁
鳴き声を調節するところ。
腹弁があるのはオスだけ。

ここに
注目！

空間

音を出す筋肉

鳴き声は、はらの中で出す。
オスのはらの中には、からっぽの空間があり、そこで音をひびかせている。

●メス

産卵管
たまごをうむ。

後ろばね
（左右2まい）
前ばねよりも
小さい。

前ばね
（左右2まい）

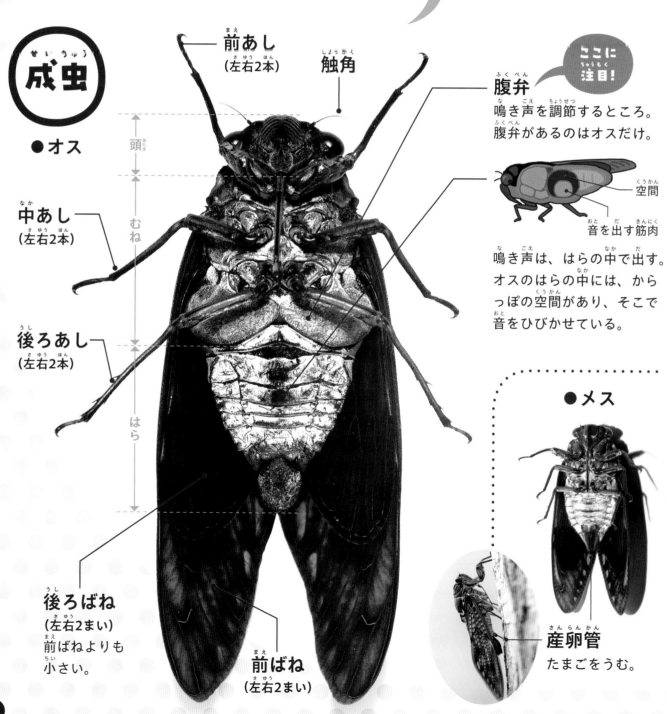

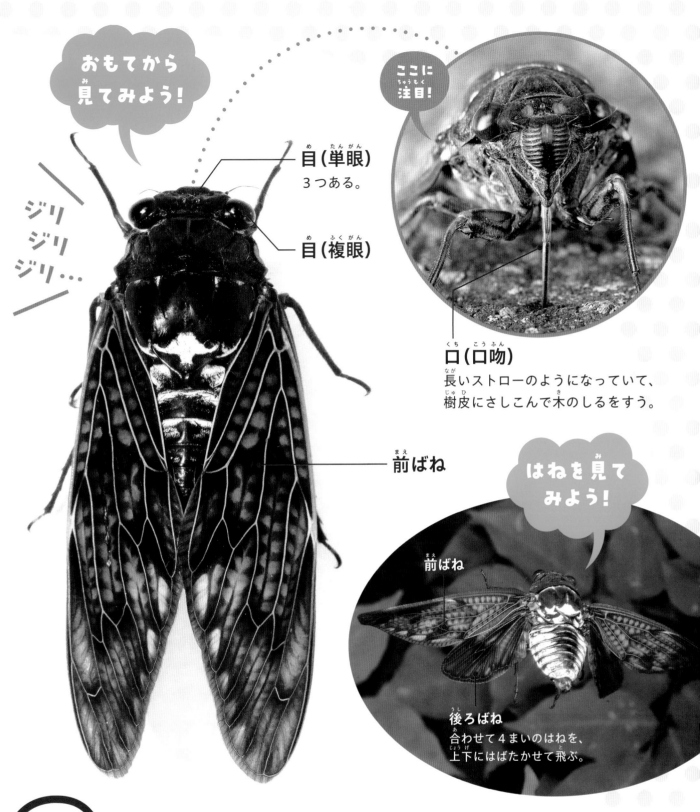

おもてから
見てみよう！

ここに
注目！

ジリジリジリ…

目(単眼)
3つある。

目(複眼)

口(口吻)
長いストローのようになっていて、
樹皮にさしこんで木のしるをすう。

前ばね

はねを見て
みよう！

前ばね

後ろばね
合わせて4まいのはねを、
上下にはばたかせて飛ぶ。

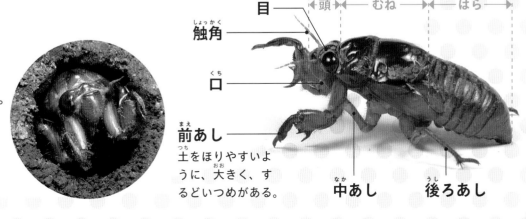

幼虫

セミの幼虫は、長い
あいだ土の中で育つ。
期間はしゅるいによ
ってちがい、アブラ
ゼミは2〜5年。

目

触角

口

前あし
土をほりやすいよ
うに、大きく、す
るどいつめがある。

頭　　むね　　はら

中あし　　後ろあし

ダンゴムシ(オカダンゴムシ)

ダンゴムシはこんちゅうのなかまではなく、
エビやカニと同じなかまです。
かたいからと、たくさんのふしがあるのがとくちょうです。

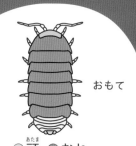

おもて

○頭 ●むね
○はら ●尾

- ●体の大きさ→1〜1.4cm
- ●活動する時期→3〜10月(成虫)
- ●活動する場所→石の下やすきま、おちばの下など。

成虫 ●オス

触角
4本だが、2本はほとんど
見えない。目があまり見え
ないので、いろいろな情報
を触角からさぐっている。

頭

せなかはとても
かたいからにな
っている。

むね
むねには7つのふし
があり、それぞれに
あしが2本(1対)ず
つついている。

むね(7節)

はら(5節)

あし
ぜんぶで14本ある。

全体のつくりを
見てみよう!

ふしを数えて
みよう!

尾(1節)

●メス
メスは、せなかに金色
のもようがある。

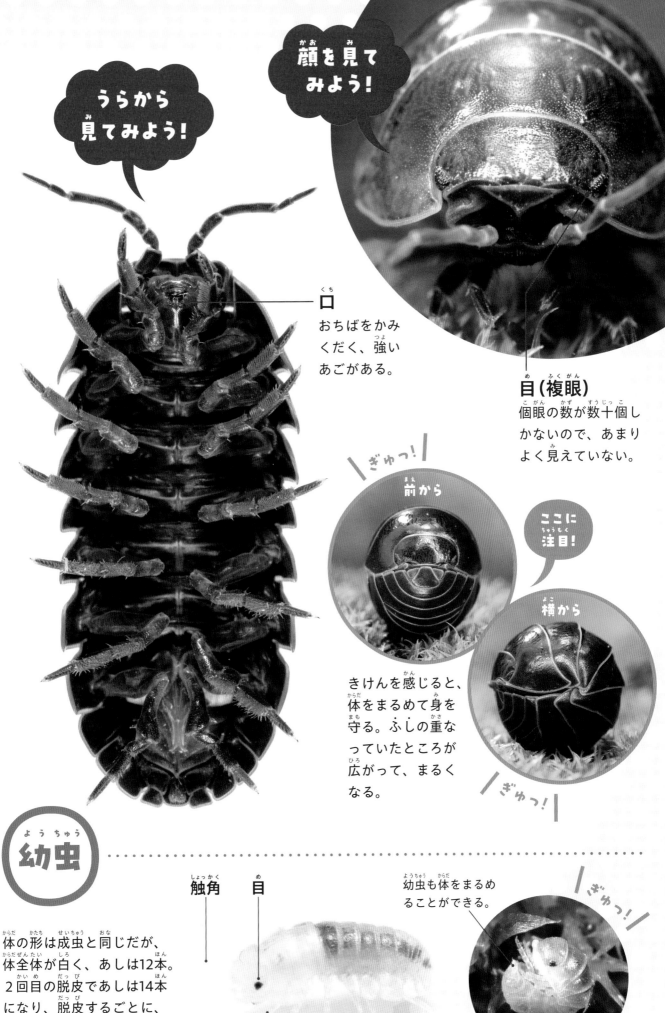

うらから
見てみよう！

顔を見て
みよう！

口
おちばをかみ
くだく、強い
あごがある。

目（複眼）
個眼の数が数十個し
かないので、あまり
よく見えていない。

ぎゅっ！

前から

ここに
注目！

横から

きけんを感じると、
体をまるめて身を
守る。ふしの重な
っていたところが
広がって、まるく
なる。

ぎゅっ！

幼虫

触角　　目

体の形は成虫と同じだが、
体全体が白く、あしは12本。
2回目の脱皮であしは14本
になり、脱皮するごとに、
だんだん体がはい色になる。

あしは12本。

幼虫も体をまるめ
ることができる。

ぎゅっ！

25

ナガコガネグモ

うら
●頭胸部 ○はら

クモはこんちゅうではなく、サソリやダニと同じなかまです。頭とむねがつながった「頭胸部」と、はらの２つに分かれ、あしが８本あります。

- 体の大きさ
  →6mm〜1cm（オス）／
  1.8〜2.5cm（メス）
- 活動する時期
  →8〜10月（成虫）
- 活動する場所
  →草むらや公園、
  雑木林など。

全体のつくりを
見てみよう！

成虫

●メス

触肢
えものをささえるなど、手のような役目をする。

第1のあし
（左右2本）

第2のあし
（左右2本）

頭胸部

はら

頭胸部
頭とむねがつながっている。

第3のあし
（左右2本）

第4のあし
（左右2本）
合計８本のあしがあり、とても長く細い。

はら
メスは黄色と黒のしまもよう。こんちゅうとちがい、はらにふしがない。

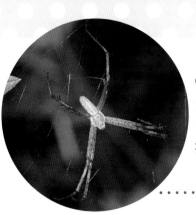

●**オス**
メスよりもかな
り小さく、色は
茶色っぽい。

触肢　口　目（単眼）
全部で８つ
ある。複眼
はない。

ここに
注目！

はらのうらも、
黄色と黒のも
ようがある。

うらから
見てみよう！

糸いぼ
はらの下のほうにある、
糸をだすあな。６つつ
いている。８本の細長
いあしをじょうずにう
ごかして、糸をあんだ
り、えものをつかまえ
たりする。

幼虫（ようちゅう）
体のつくりは成虫と
同じ。体の色は全体
的に白っぽく、もよ
うがはっきりしない。

あし
８本ある。

はら

頭胸部

びっくり！
こんな体のつくりもあるよ！

ぜ〜んぶキラキラ！

うらも
キラキラ！

●タマムシ
- ●体の大きさ→3〜4cm　●活動する時期→7〜8月（成虫）
- ●活動する場所→雑木林など。

はねの下もうらがわも、全身キラキラしている。このキラキラが、林の中で見つけにくくさせる。

どうやって鳴く？

はねをもち上げて、こすりあわせて鳴く。

♪リーン
リーン♪

鳴くのはオスだけ！メスをよんでいるんだ。

●スズムシ
- ●体の大きさ→1.7〜2.5cm
- ●活動する時期→夏〜秋
- ●活動する場所→林やかわらの草むら。

はねで鳴くこんちゅうたち

♪ちっちり
ちっちり♪

●マツムシ

♪ころころリー♪

●エンマコオロギ

♪ぎーちょん
ぎーちょん♪

●キリギリス

- ●セミはどう鳴く？　アブラゼミ　→「からだのつくり」22ページ
- ●エンマコオロギをもっと見てみよう→「かい方・つかまえ方」26ページ

こんちゅうの体のしくみにはふしぎがいっぱい！
ほかにもおもしろい体のしくみを見てみよう。

光るのはどうして？

メス　オス

白やピンクのところが発光器。

オスとメスが出会うために光る。

●ゲンジボタル
●体の大きさ→1～1.6cm
●活動する時期→夏のはじめ
●活動する場所→きれいな川など。

はらに「発光器」がある！

発光器には、ルシフェリンという光る物質と、ルシフェラーゼという光るのを助ける物質が入っている。そこに、体の中にある酸素が合わさることで、光ることができる。電気のようにあつくならず、休んでいるときは光らない。

水にうくのはどうして？

●アメンボ
●体の大きさ→1.1～1.6cm
●活動する時期→4～10月
●活動する場所→川や池、田んぼなど。

水をはじく！

あしに細かい毛が、たくさんはえている。あしから出た油がこの毛について、水をはじく。

ほかのうくこんちゅう

●ケラ
土の中にすんでいるが、体中に毛がはえていて、水にうき、泳ぐこともできる。空も飛べる。

そっくりだけど、ちがう虫なんです！

オオカマキリ (16ページ) と チョウセンカマキリ

●オオカマキリ(メス)

ちょっと大きめ

メスは
7.5〜
9.5cm

後ろばねは、茶色っぽい。

前あしのつけねは、黄色っぽい。

●チョウセンカマキリ(メス)

ちょっと小さめ

メスは
7〜9cm

後ろばねは、とうめい。

前あしのつけねは、オレンジ色。

アキアカネ (20ページ) と ナツアカネ

※赤くなるのはどちらも成熟してから。メスはあまり赤くならない。

●アキアカネ(オス)

頭とむねはあまり赤くならない

6月ころに成虫になり、夏のあいだはすずしい山へ。

むねの3本の黒いもようのうち、まん中の線の先がとがっている。

●ナツアカネ(オス)

頭とむねも赤くなる

むねの3本の黒いもようのうち、まん中の線の先が角ばっている。

6月ころに成虫になり、夏のあいだも同じところにいる。

これまで登場した虫たちにそっくりだけど、
じつはちがうものがいる。見つけて、かんさつしてみよう!

ダンゴムシ (24ページ) と ワラジムシ

● ダンゴムシ

● ワラジムシ

体にあつみがある!

体が平べったい!

はらの先がまるい。

きけんを感じると…
まるくなる!

きけんを感じると…
すばやくにげる。
まるくならない。

はらの先には、「尾肢」という出っぱりがある。

とってもややこしい! チョウとガ

よく言われるチョウとガのちがいは…

● チョウは昼間飛んでいて、ガは夜に飛ぶ。
● チョウははねをとじてとまり、ガはひらいてとまる。
● チョウは、はらが細く、ガは太い。
● チョウはきれいなもようで、ガは目立たないもよう。
　でも、じつは昼間飛んでいるガもいるし、はねをひらいてとまるチョウもいる。チョウとガは、ほとんど同じなかまで、分けることがむずかしい。

見分ける方法はここ! 触角
多くのチョウとガは、ここで見分けることができる。

● チョウ
先がこんぼうのような形。

● ガ
先がとがっている。くし状の毛がはえているものも多い。

キンモンガ。ガのなかまだが、昼間に飛ぶ。

タテハチョウ。チョウのなかまだが、はねをひらいてとまる。

セセリチョウ。チョウのなかまだが、はらが太い。

サツマニシキ。ガのなかまだが、はでなもよう。

さくいん

アキアカネ ……………… ● 20, 21, 30

アブラゼミ ……………… ● 22, 23

アメンボ ………………… ● 29

糸いぼ …………………… ● 27

エンマコオロギ ………… ● 28

オオカマキリ …………… ● 16, 17, 30

オオダンゴムシ ………… ● 24, 25

ガ ………………………… ● 31

カブトムシ ……………… ● 12, 13

花粉かご ………………… ● 6

花粉だんご ……………… ● 6

キリギリス ……………… ● 28

クロオオアリ …………… ● 8, 9

ケラ ……………………… ● 29

ゲンジボタル …………… ● 29

口吻 ……………………… ● 5, 7, 23

ショウリョウバッタ …… ● 18, 19

触肢 ……………………… ● 26, 27

スズムシ ………………… ● 28

セイヨウミツバチ ……… ● 6, 7

タマムシ ………………… ● 28

単眼 ……………………… ● 3, 5, 7, 9, 17, 19, 21, 23, 27

ダンゴムシ ……………… ● 24, 25, 31

チョウ …………………… ● 4, 5, 31

チョウセンカマキリ …… ● 30

頭胸部 …………………… ● 26, 27

ナガコガネグモ ………… ● 26, 27

ナツアカネ ……………… ● 30

ナナホシテントウ ……… ● 10, 11

ナミテントウ …………… ● 11

ノコギリクワガタ ……… ● 14, 15

複眼 ……………………… ● 3, 5, 7, 9, 11, 13, 14, 17, 19, 21, 23, 25

腹柄節 …………………… ● 8

腹弁 ……………………… ● 22

マツムシ ………………… ● 28

ミツバチ ………………… ● 6, 7

耳 ………………………… ● 18

モンシロチョウ ………… ● 4, 5

やご ……………………… ● 21

ワラジムシ ……………… ● 31

監修●須田研司（むさしの自然史研究会）

むさしの自然史研究会代表。多摩六都科学館や武蔵野自然クラブで、子ども
たちに昆虫のおもしろさを伝える活動に尽力している。監修に『みいつけ
た！がっこうのまわりのいきもの〈1〜8巻〉』（Gakken）、『世界の美しい
虫』（パイインターナショナル）、『世界でいちばん素敵な昆虫の教室』（三才
ブックス）、『はじめてのずかん　こんちゅう』（高橋書店）など多数。

くらべてわかる！こんちゅう図鑑　からだのつくり

2024年3月15日　第1刷発行

監修●須田研司
監修協力●井上暁生、近藤雅弘
イラスト●森のくじら
装丁・デザイン●村﨑和寿

編集協力●グループ・コロンブス

発行所●株式会社童心社
　　　　〒112-0011　東京都文京区千石4-6-6
　　　　電話　03-5976-4181（代表）　03-5976-4402（編集）
印刷●株式会社加藤文明社
製本●株式会社難波製本

写真●海野和男、北添伸夫、小島一浩、須田研司、アフロ、アマナイメージズ、
　　　Adobe Stock、PIXTA